TRACÉ DU CANAL
de Marseille

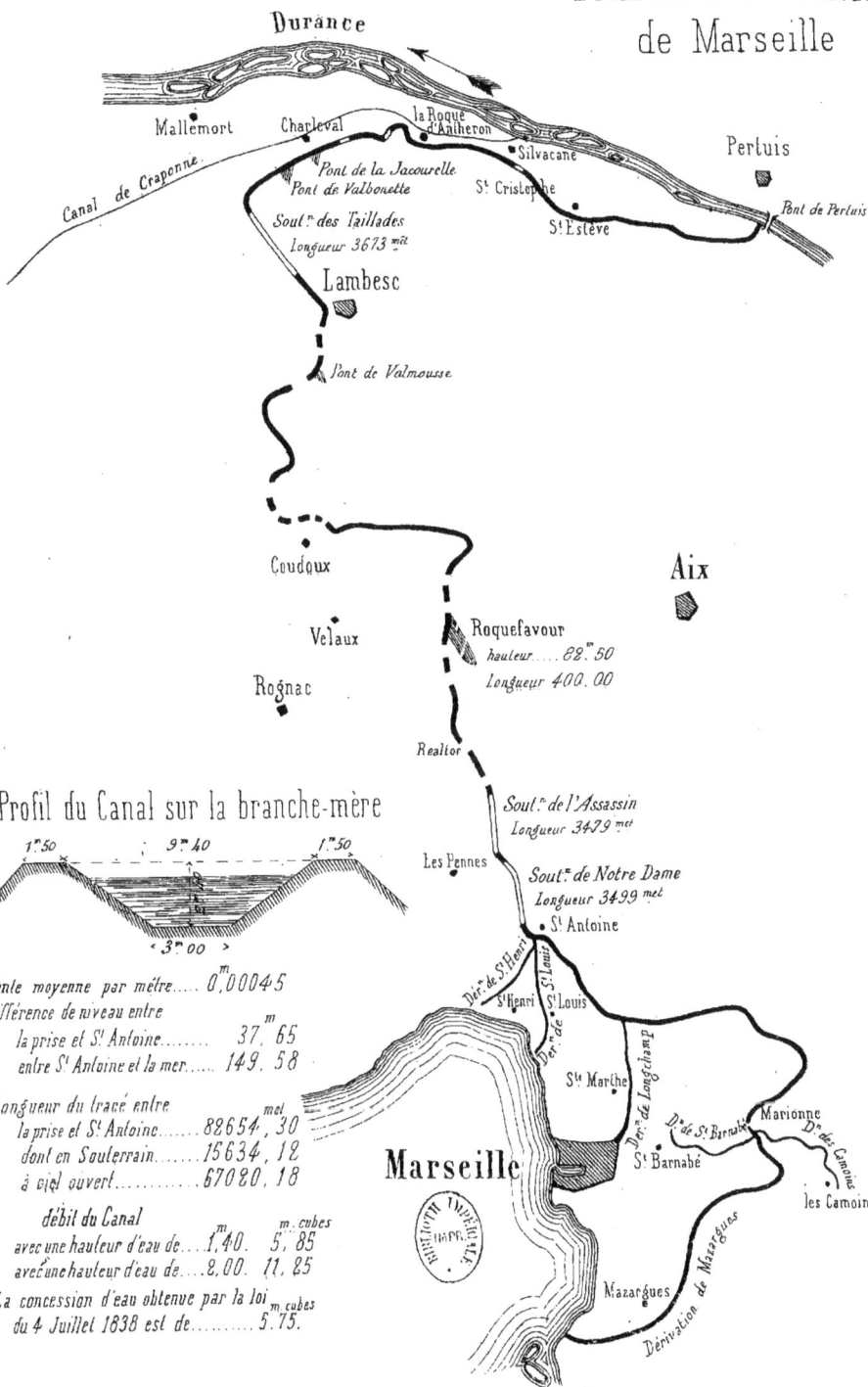

Durance

Mallemort Charleval la Roque d'Anthéron Silvacane Pertuis

Canal de Craponne

Pont de la Jacourelle
Pont de Valbonette

St Cristophe

Pont de Pertuis

Sout.n des Taillades
Longueur 3673 mèt

St Estève

Lambesc

Pont de Valmousse

Coudoux

Aix

Velaux

Roquefavour
hauteur..... 82m.50
Longueur 400.00

Rognac

Realtor

Profil du Canal sur la branche-mère

1m.50   9m.40   1m.50

< 3m00 >

Sout.n de l'Assassin
Longueur 3479 mèt

Les Pennes

Sout.n de Notre Dame
Longueur 3499 mèt

St Antoine

Der. de St Henri
Der. de St Louis

Pente moyenne par mètre..... 0m.00045
Différence de niveau entre
  la prise et St Antoine........ 37m,65
  entre St Antoine et la mer..... 149, 58

Longueur du tracé entre
  la prise et St Antoine........ 82654,30 mèt
  dont en Souterrain........ 15634, 12
  à ciel ouvert............ 67080, 18

  débit du Canal
avec une hauteur d'eau de.. 1m,40. 5m,85 m.cubes
avec une hauteur d'eau de.. 2,00. 11, 25
La concession d'eau obtenue par la loi
du 4 Juillet 1838 est de.......... 5m,75 m.cubes

St Henri   St Louis

Ste Marthe

Der. de Longchamp

Marionne

Der. de St Barnabé   Der. des Camoins

Marseille

St Barnabé

les Camoins

BIBLIOTH IMPERIALE

Mazargues

Dérivation de Mazargues

APERÇU

SUR LE

RENDEMENT ACTUEL DU CANAL DE MARSEILLE

V.

1246

APERÇU

SUR LE

RENDEMENT ACTUEL

DU

CANAL DE MARSEILLE

PRIX : 1 FRANC

SE VEND AU PROFIT DES PAUVRES

CHEZ CAMOIN, LIBRAIRE

Cannebière, 3.

1858

(c.

A Monsieur Honnorat

Maire de la ville de Marseille , Officier de la Légion-d'Honneur.

————————

Monsieur le Maire ,

C'est pour avoir l'occasion de vous offrir un témoignage public de la reconnaissance qui vous est acquise dans notre famille, que j'ai pris la liberté d'inscrire votre nom en tête de ces pages.

Il y a quelques mois à peine, lorsque, au milieu du concours spontané d'une grande partie de la population et de tous les hommes les plus éminents de Marseille, les derniers devoirs étaient rendus à mon pauvre père, votre parole s'est chargée d'exprimer, au nom de tous, les sentiments de douleur et de regret qui animaient la foule; c'est par votre bouche que le plus touchant hommage a été rendu à la mémoire de celui qui , on peut le dire, a usé sa vie pour la cause de Marseille. Votre voix a ému tous ceux qui l'ont entendue; mais elle a pénétré, surtout, profondément dans le cœur de ceux qui faisaient en ce moment une perte plus proche et plus cruelle, et je viens vous en témoigner ici tous leurs sentiments de profonde gratitude.

En mourant, mon père traçait le dernier mot de ses longues méditations sur le Canal. Ces réflexions intéresseront, je le pense, tous ceux qui ont à cœur l'avenir de Marseille, et qui se souviennent de son passé. C'est pourquoi je n'hésite pas à livrer ces lignes à la connaissance de tous, et je le fais avec la plus religieuse exactitude.

Je suis certain, Monsieur le Maire, que vous les accueillerez avec la plus complète sympathie, vous qui avez, aussi, compris le bien de notre ville, et qui le poursuivez avec une infatigable persévérance.

Daignez agréer les sentiments de profond respect avec lesquels j'ai l'honneur d'être,

Monsieur le Maire,

Votre très-humble et très-obéissant serviteur,

J. CONSOLAT.

APERÇU

SUR LE

RENDEMENT ACTUEL

DU

CANAL DE MARSEILLE

Février 1858.

Personne maintenant ne songe plus à nier l'utilité du Canal; il n'est pas moins vrai que toutes les préventions contre cette entreprise ne sont pas encore éteintes. On entend dire, quelquefois, que les dépenses énormes occasionnées par cette grande œuvre, seront longtemps une cause de ruine pour les finances municipales. Ce qui contribue à maintenir cette opinion, et même à la propager, c'est qu'en effet, jusqu'à présent du moins, le produit annuel de la redevance des eaux concédées, n'est nullement en rapport avec la dépense qu'une création aussi importante a nécessitée.

Persuadé que cette manière d'évaluer les produits du Canal est fort erronée, nous pensons qu'il est utile, dans l'intérêt de la vérité, de rechercher et de prouver quels sont en réalité les résultats du Canal, appréciés uniquement au point de vue financier.

Qu'il nous soit permis, avant d'aborder le fond de la question, de retracer en peu de mots les graves considérations qui ont, enfin, déterminé la construction du Canal, ce rêve constant des générations qui nous ont précédés pendant bien des siècles, de ce superbe monument élevé par une ville riche sans doute, mais ne comptant alors dans son sein qu'une population de cent cinquante mille âmes ; de cette entreprise colossale pour une seule commune, témoignage impérissable de la puissance de Marseille et désormais son plus noble et son plus beau titre de gloire.

On ne doit pas avoir oublié que la sécheresse excessive qui, pendant les années 1833, 1834 et 1835, sévit dans la commune de Marseille avec toute l'énergie d'une désolante calamité, démontra jusqu'à la dernière évidence que le Canal était devenu une question de vie ou de mort. Le premier port de la France, un port qui, par sa position excellente, se trouvait être l'une des principales forces vitales de l'Empire, une ville renfermant déjà 150 mille habitants, population toujours en progrès, ne pouvait pas rester plus longtemps privée d'un élément indispensable à la vie humaine.

Sans doute, un manque d'eau presque absolu, tel que celui qui a été éprouvé en 1834, où la prise d'eau de l'Huveaune, à peu près l'unique ressource de la ville, se trouva réduite à moins de 60 deniers (1) (1 litre et 1/3 par habitant et par 24

(1) Un denier d'eau servant jadis d'unité pour les concessions en ville des eaux de l'Huveaune, débite 7 litres d'eau par minute ; l'unité actuelle pour les eaux du Canal ou le module n'en débite que 6. Le denier était imposé à 200 francs d'achat primitif, et à une redevance annuelle de 20 francs. Le module est tarifé à 1000 fr. d'achat primitif et à 100 francs de redevance annuelle. Il faut dire toutefois que les concessionnaires des eaux de l'Huveaune n'en jouissaient pas souvent pendant l'été, et qu'ils étaient de plus rudement mis à contribution par les fontainiers, dont les travaux, à l'égal de ceux des taupes, n'étaient visibles aux yeux de personne.

heures) ne se serait pas fait sentir toutes les années. Mais de temps immémorial, l'expérience prouvait que c'était là une crise à laquelle on était continuellement exposé, sans compter qu'on avait constamment à souffrir, toutes les années, durant trois ou quatre mois de l'été, d'une pénurie d'eau ruineuse pour l'industrie et cause permanente de misère pour la classe ouvrière.

Cette déplorable situation avait été, de tout temps, l'objet des plus vives inquiétudes pour l'édilité marseillaise ; dans tous les temps aussi avait-elle recherché les moyens de la combattre; mais toutes ses investigations renouvelées à des époques différentes, avaient toujours et fatalement abouti à fortifier chez elle la conviction qu'une dérivation des eaux de la Durance était la seule ressource à laquelle il fût possible de recourir.

Il est facile de concevoir ce qu'une semblable ressource avait d'effrayant pour les administrations d'une commune : déjà cette entreprise, sous le nom de Canal de Provence, avait été tentée, mais sans succès. Il était facile de voir que la réussite n'était possible qu'au prix d'une énorme dépense, dont le chiffre ne pouvait pas être calculé même approximativement.

Et pourtant nous étions sous le coup d'une nécessité poignante, s'il m'est permis de m'exprimer ainsi : il fallait à tout prix réaliser cette dérivation ou bien se résigner à voir un avenir qui s'offrait alors à tous les regards sous l'aspect le plus brillant et le plus radieux, se couvrir rapidement d'un voile funèbre.

Dans cette fatale alternative la construction du Canal fut, on peut le dire, résolue par un mouvement spontané de toute la population.

C'était un grand pas fait, mais ce n'était pas tout : il fallait obtenir l'autorisation du Gouvernement. Bien que le ministère de cette époque fût convaincu que l'avenir de la

troisième ville du royaume dépendait d'un emprunt fait aux
eaux de la Durance, il lui répugnait cependant beaucoup de
permettre à la ville de s'engager dans une entreprise aussi
coûteuse, d'un succès aussi incertain et dont, en définitive, les
résultats pouvaient être désastreux.

Nous étions dans les premières années du règne de Louis-
Philippe, temps orageux où l'anarchie montrait audacieuse-
ment, en plein jour, son front hideux. Ses ignobles sectaires,
dans les grandes villes surtout, par leurs vociférations lugubres,
frappaient de terreur tous les citoyens paisibles. A Marseille,
plus de 20 mille ouvriers, sans emploi et misérables, pendant
les mois d'été, formaient une armée redoutable, facile à
entraîner dans les rangs des factieux. Assurer l'existence de
cette partie de la population par un travail non interrompu,
était l'unique moyen de se prémunir contre cet imminent danger.
Tel fut un des principaux motifs, qui valurent à la ville
l'adhésion des hommes remarquables, qui veillaient, alors,
sur les destinées de la France.

Notre heureuse étoile aussi avait amené à cette époque au
pouvoir préfectoral M. De la Coste, administrateur des plus
distingués, en qui le gouvernement avait, à juste titre, la plus
entière confiance. La ville trouva chez son excellent Préfet, un
concours actif et puissant, service qui, nous en sommes sûrs,
restera profondément gravé, non-seulement dans la mémoire,
mais encore dans le cœur de nos concitoyens.

L'autorisation ministérielle obtenue, arriva le moment de
s'occuper sans relâche de l'exécution.

L'administration municipale, chargée de remplir cette péni-
ble charge, ne put se dissimuler ni l'étendue de la responsabilité qui allait peser sur elle, ni les difficultés nombreuses
qu'elle aurait à vaincre, ni l'opposition des esprits mal faits,
tantôt latente, tantôt déclarée, mais toujours tracassière, qu'elle
aurait à combattre, ni enfin les insinuations calomnieuses dont

elle aurait à se défendre. Elle accepta néanmoins avec quelque résolution , et l'on peut dire quelque courage , l'honorable mission qui lui était dévolue.

S'il ne lui a pas été donné d'achever cette grande œuvre qu'elle a commencée, et qui, durant cinq années n'a pas cessé un instant d'être l'objet de sa plus vive sollicitude et de sa principale préoccupation , elle peut revendiquer le mérite d'avoir, pendant toute cette période, imprimé à la marche des travaux une activité qui devait en assurer le succès ou tout au moins empêcher l'abandon de l'œuvre commencée. Cette dernière éventualité n'était pas la moins redoutable à ses yeux, de toutes celles auxquelles sont exposées les entreprises de cette nature; elle avait voulu en préserver la ville , et elle y était heureusement parvenue en engageant hautement sa responsabilité, par l'extension considérable donnée aux travaux dans le principe et par l'importance des sommes employées à leur exécution. Une fois entrée dans cette voie, toute hésitation, tout mouvement rétrograde devenait impossible pour elle-même et pour les administrations qui pouvaient lui succéder ; en un mot, elle brûla ses vaisseaux. Était-ce de sa part un excès de prévoyance ou un acte de généreuse hardiesse : les faits sont là pour répondre.

En effet, si vers la fin de 1843 , l'administration nouvelle n'a pas précisément médité l'abandon complet du Canal , si nous ne sommes point en mesure d'affirmer que tel ait été réellement le fond de sa pensée , toujours est-il , et sur ce point notre certitude est entière , que la question d'un notable ralentissement des travaux a été sérieusement agitée, et qu'il a été fait dans ce sens des démarches fort significatives ; mais d'après ce que nous avons dit tout à l'heure , il n'y avait pas moyen de reculer.

Quoiqu'il en soit, le devoir de l'administration qui avait eu l'honneur d'inaugurer cette grande entreprise , était de réaliser les espérances de la population avec le moins de dépenses possibles.

Devait-on dans ce but ne donner à ce Canal projeté qu'une section réduite, suffisante néanmoins pour satisfaire aux seuls besoins de la ville, ou bien dans l'intérêt mieux entendu de la commune, fallait-il, même au prix d'une plus forte dépense, donner au Canal les dimensions nécessaires pour subvenir en même temps aux besoins de la ville et à l'irrigation du territoire ?

Cette question débattue, il fut reconnu que l'économie à espérer d'une section réduite, ne serait jamais en proportion avec les ressources que l'on était en droit d'attendre d'une plus grande section ; que les eaux répandues sur tout le territoire, offriraient tôt ou tard un ample dédommagement du surcroît des sacrifices que la commune était dans la nécessité de s'imposer ; que ce serait, en outre, une grande imprudence de ne pas mettre la ville, de prime abord, hors de toute crainte sur les exigences de l'avenir.

Il fut reconnu, de plus, que le Canal resterait à l'état de chimère aussi longtemps que la ville hésiterait elle-même à le faire construire avec ses propres ressources (1).

---

(1) Le Canal n'existerait probablement point si la ville n'avait pas pris la ferme résolution de le construire elle-même. C'était, au reste, une nécessité résultant de deux considérations de la plus haute importance.

Marseille était visiblement destinée à devenir dans peu de temps une ville très-populeuse. Des travaux imparfaits, tels que ceux qu'exécutent des entrepreneurs ordinaires, travaux de peu de durée et sujets à de fréquentes réparations, eussent été une cause de perturbation, et même de désastres, en raison de l'importance des intérêts engagés ; il était donc indispensable de prévenir autant que possible ce danger, et d'élever un monument en état de traverser les siècles.

Il était, en outre, évident que l'intermédiaire d'une compagnie industrielle n'était possible qu'à des conditions très-onéreuses. La nature de l'entreprise exigeait, d'abord : la mise dehors d'un énorme capital, dont on ne pouvait pas calculer le chiffre d'avance, même approximativement ; et puis, la rentrée des intérêts de ce

C'est ce qui a eu lieu, le Canal existe et la commune en est
à perpétuité l'unique propriétaire. Ce fait capital ne doit pas
être perdu de vue, parce qu'elle est parfaitement libre de diriger
l'administration de son Canal dans le sens du plus grand
intérêt des habitants, et puis parce que les produits qu'elle
en obtient, sont bien différents de ceux qu'une société industrielle aurait pu en retirer ; celle-ci, n'aurait eu droit qu'au
produit de la vente des eaux, tandis que la commune a non-
seulement cette source de revenu, mais encore toute l'augmentation du produit de son octroi résultant des progrès toujours

capital était fort éventuelle, et pouvait bien ne se réaliser que dans un temps très-
long, ainsi que l'expérience le prouve.

Comment espérer qu'une compagnie sérieuse pût s'engager dans de pareilles
conditions à moins que la ville ne consentît à lui fournir successivement les fonds
nécessaires à l'exécution des travaux, et à lui abandonner, en outre, sinon la
totalité, du moins la plus grande partie de la propriété du Canal ?

L'administration municipale bien convaincue dès l'origine, que le seul moyen
de ne pas compromettre l'immense intérêt que Marseille avait à réaliser le
Canal, était de le faire construire elle-même, avait immédiatement demandé à
M. Legrand alors directeur des Ponts-et-Chaussées, l'assistance d'un des ingénieurs
les plus distingués de son département, tant pour apprécier le mérite des projets
présentés par quelques industriels que pour être éclairée sur la marche qu'elle
devait suivre.

M. Kermaingant une des lumières du Conseil Général des Ponts-et-Chaussées,
ingénieur essentiellement pratique, fut chargé de cette importante mission. Après
un examen très-attentif des localités, il n'hésita pas un instant à repousser tous les
anciens projets ; car, il ne s'agissait plus d'un Canal de Provence, mais d'un Canal
de Marseille seulement. Il s'occupa de quelques opérations préliminaires sur le
terrain, exécutées par M. de Mont-Richer qu'il s'était adjoint à cet effet, et fixa la
ligne que le Canal devait suivre. Là finit la mission de M. Kermaingant qui, d'ailleurs,
par sa haute position, ne pouvait pas en accepter d'autres.

Ce fut au retour de M. Kermaingant à Paris que M. Legrand, du consentement
de la ville, confia à M. de Mont-Richer, les études définitives et l'exécution du
projet. Témoignage de confiance justifié par l'accomplissement de l'œuvre monu-
mentale si justement admirée, à laquelle demeurera éternellement associé le nom de
cet habile ingénieur.

croissants de son commerce, de son industrie et de sa population.

Dans quelle situation Marseille se trouverait-elle aujourd'hui si le Canal n'avait pas été construit? Il est évident que la population n'aurait pas augmenté, puisqu'il n'y avait plus moyen de suffire aux besoins de celle qui existait déjà, et que celle-ci, exposée périodiquement à des disettes d'eau désastreuses, devait tendre à décroître plutôt qu'à augmenter ; or, l'octroi qui n'est qu'un impôt de consommation aurait été infailliblement entraîné dans la même voie, d'où il suit que l'énorme différence qui existe entre le produit de l'octroi, dans les années qui ont précédé le commencement des travaux du Canal, et le rendement actuel de cet impôt, est dû uniquement à l'action du Canal ; cette différence est une augmentation de recette qui lui est propre, et qui doit entrer en déduction des dépenses nécessitées par sa construction.

Il est un fait dont personne ne peut nier l'évidence, c'est qu'une commune dont ni la richesse, ni la population ne peuvent s'accroître, est par cela même dans l'impossibilité d'augmenter ses revenus communaux au-dessus du chiffre limité par le nombre et le degré d'aisance de ses habitants ; si par hasard ses naissances viennent à dépasser ses décès, l'émigration rétablit bientôt l'équilibre. Mais cette même commune, par des événements favorables, change de position, si elle acquiert les moyens d'entrer dans une ère nouvelle de prospérité, soit par le commerce, soit par l'industrie ; il est clair qu'alors l'augmentation du produit de son octroi, devient possible, il est tout aussi clair, en même temps, que c'est uniquement à ce changement de position qu'elle en est redevable.

N'est-ce pas précisément le cas où se trouve Marseille par la construction de son Canal ?

La loi qui a autorisé cette construction porte la date du 4

juillet 1838, date remarquable, et qui fera époque dans les fastes de notre belle cité ; car c'est un horizon sans bornes pour sa prospérité qui s'est ouvert devant elle.

Ce n'est point une exagération de dire que Marseille doit son salut à son antique renommée ; la sanction du Gouvernement n'a été refusée à aucune des dépenses proposées pour mettre notre port au niveau de toutes les exigences commerciales possibles; mais si Marseille était demeurée dans l'impuissance d'accroître sa population, si, faute de bras, il lui eût été impossible de répondre aux vues du Gouvernement et de réaliser ses espérances ; croit-on qu'il eût hésité à choisir sur les côtes de la Méditerranée, non loin de nous, une des localités très-propres à remplacer notre port avec moins de dépenses et à le rejeter dans un rang bien inférieur à celui qui désormais lui est assuré.

Au reste, ce qui est incontestable, c'est que le Canal a ouvert deux nouvelles sources de revenu à la caisse municipale : la première, un revenu direct produit par la vente des eaux, la seconde, un revenu indirect provenant des droits indirects de consommation perçus par l'octroi.

Le revenu direct est facile à constater : c'est tout simplement un chiffre à relever sur les registres de la commune. Il n'est peut-être pas sans intérêt de donner ici une idée des dispositions réglementaires d'après lesquelles ce chiffre est établi.

Le tarif qui fixe le prix de la vente des eaux et le règlement qui prescrit les conditions auxquelles les concessions sont assujetties ont été publiés en 1850 ; des modifications y ont été introduites en 1853 et puis encore en 1854.

Ce document qui revêt la forme d'un arrêté préfectoral, rendu d'après une délibération du Conseil Municipal, distingue dans l'emploi des eaux trois catégories, imposées à un taux différent.

La première a le nom d'eau continue, spécialement destinée

aux usages domestiques, aux usines à vapeur, aux fabriques, enfin aux cultures de luxe, telles que parterres, jardins anglais, etc. ; cette catégorie est imposée dans la ville et dans les faubourgs à 1,000 fr. d'achat primitif, pour un décalitre d'eau par seconde, et en outre, à une redevance annuelle de 100 fr. Les concessions sont accordées par fractions de décilitre jusqu'à 5 centièmes, à un prix graduellement plus élevé à mesure que la fraction diminue. Cette même eau continue est concédée dans le territoire au prix de 250 fr. d'achat primitif et en outre à 115 fr. de redevance annuelle. Ici la fraction ne descend pas au-dessous de 1 dixième de décilitre.

La seconde catégorie, ou l'eau périodique, est destinée à l'arrosage des prairies, des jardins potagers, en un mot aux grandes cultures. L'impôt est de 400 fr. d'achat primitif et de 80 fr. de redevance pour 1 litre d'eau par seconde.

La troisième et dernière catégorie comprend les chutes d'eau imposées à une seule redevance annuelle de 75 fr. par force de cheval.

Les concessions d'eau continue accordées jusqu'au 31 décembre 1857 s'élevaient :

Dans la ville et les faubourgs, à 522 modules ou décilitres;
Dans le territoire, à 1352

Total. 1874

Les concessions d'eau périodique s'élevaient à 1456 litres, et les concessions des chutes d'eau à 465 chevaux de force.

L'ensemble de ces concessions rendait à la ville une somme annuelle de près de 500 mille francs.

En sus de ce revenu, la caisse municipale devait, à la même époque, avoir fait rentrer un remboursement d'au moins 1200 mille francs d'achat primitif, en sorte qu'en y comprenant l'intérêt de cette somme, le revenu direct, peut sans crainte d'erreur être évalué aujourd'hui à 560 mille francs, avec d'autant plus de certitude que ce revenu va toujours en augmentant.

Le revenu indirect n'est pas aussi facile à préciser. En suivant, toutefois, l'ordre des faits qui devaient précisément se produire, en l'absence du Canal, on peut arriver à établir le chiffre de ce revenu avec une exactitude très-suffisante, même en se tenant au dessous de la réalité.

Le revenu indirect consiste, avons-nous dit, dans la différence que l'on remarque entre le produit brut des droits d'octroi dans les années qui ont précédé la construction du Canal, et le rendement de ces mêmes droits à l'époque où nous sommes parvenus. C'est là, en effet, que se trouve la plus grande partie du revenu indirect : ce n'est pourtant pas la totalité.

Ainsi, en 1840, année où la taxe sur les farines, impôt spécialement affecté aux dépenses du Canal, fut perçue pour la première fois, l'octroi rendit F. 3,032,204. 07 c. En 1857, année qui vient de finir, la perception des mêmes droits s'est élevée à F. 5,498,422. 52 cent.

Voilà donc une différence de F. 2,466,218. 55 cent., de laquelle il faut extraire le produit net, dérivant uniquement de l'action du Canal.

La seule somme qui soit à défalquer, selon nous, de cette augmentation de revenu, consiste dans l'accroissement des charges municipales qui en sont la conséquence directe.

On conçoit qu'une ville dont la population, l'étendue et la richesse vont en augmentant, d'une manière rapide et continue, se trouve dans la nécessité de mettre ses dépenses administratives au niveau de son développement et de sa prospérité : ce surcroît de dépenses est inhérent aux causes d'où

2

résultent l'augmentation du revenu communal; il faut donc y avoir égard pour arriver au produit net.

Or, en 1840, les frais d'administration, de police, de salubrité, de perception des droits d'octroi, des biens communaux, de la voirie et autres charges analogues, s'élevaient à environ 1,100 mille francs; aujourd'hui ces mêmes dépenses ont atteint le chiffre de 1,950 mille francs environ : c'est donc une réduction de 850 mille francs à opérer sur l'excédant des revenus de l'octroi; ce qui nous laisse un chiffre de F. 1,616,218. 55 cent., qui est bien incontestablement le minimum du revenu indirect du Canal.

Une objection qui paraît sérieuse au premier abord, peut se présenter ici. On pourrait croire qu'il est d'autres causes qui, tout autant que le Canal, contribuent efficacement à l'augmentation du produit des droits d'octroi. Ces causes, dira-t-on, sont la ligne de perception grandement étendue en 1851, et puis la révision du tarif, opérée en 1855. Ce dernier travail a eu pour résultat une surcharge d'impôt sur plusieurs articles, et un droit sur une foule d'autres qui, auparavant, passaient la ligne en franchise.

Ces mesures fiscales n'ont été prises bien évidemment que dans le but d'élever le chiffre du revenu communal; est-il donc vraisemblable qu'elles n'aient aucune influence sur l'augmentation du revenu que nous attribuons uniquement à l'action du Canal?

Voici notre réponse : de semblables mesures adoptées avant la construction du Canal, n'auraient produit dans tous les cas qu'un résultat insignifiant, si ce n'est négatif.

Par l'extension de la ligne, on n'aurait atteint que des contribuables peu aisés, consommant peu, et qui probablement n'auraient pas versé dans la caisse municipale de quoi compenser les frais notables du changement de la ligne et des dépenses constantes, nécessitées par une surveillance plus étendue et par conséquent plus difficile.

Par une surcharge d'impôt pesant sur la même population dans la ville, on n'aurait sûrement abouti qu'à provoquer la cherté des denrées alimentaires, à augmenter la somme des privations que les familles indigentes sont obligées de s'imposer, à étendre enfin, à un degré déplorable, la misère dans la classe pauvre, résultats d'autant plus certains que les droits d'octroi étaient déjà fort élevés.

Si donc, aujourd'hui que le Canal a complètement changé les conditions de la ville, l'extension de la ligne et le nouveau tarif contribuent, ce qui n'est pas douteux, à l'augmentation du produit de l'octroi, c'est grâces au Canal, qui a permis à une population de 80 à 100 mille âmes de venir s'adjoindre à l'ancienne, et qui favorise par ce moyen le développement de l'aisance et de la richesse dans toutes les classes de la population.

En nous bornant à rechercher exclusivement dans le produit de l'octroi, le chiffre du revenu indirect, nous avons dit, que nous étions au dessous de la réalité, ne voulant pas être taxé d'exagération. Pour preuve que nous sommes rigoureusement dans le vrai, nous devons faire remarquer que le droit communal de pesage, jaugeage et mesurage, qui, en 1840 et auparavant, rendait à la ville tout au plus 400 mille francs, dépasse aujourd'hui 800 mille. Croit-on que ce nouveau produit, et ce n'est pas le seul, se fût réalisé sans le Canal ?

Dans nos calculs, nous n'avons garde d'oublier que le Canal met à la charge des contribuables un impôt spécial sur les farines qui, en 1857, a rendu F. 937,480 95 cent. et de plus 5 centimes additionnels qui ont produit en outre F. 149,428 65 c. Nous affirmons toutefois que ces impôts, malgré leur destination toute spéciale, ne sont plus employés aux dépenses du Canal.

En effet, s'il existait à l'Hôtel-de-Ville une caisse à part

destinée à recevoir les revenus du Canal , et à fournir aux
dépenses de cette entreprise , on devrait y verser savoir :

1° Le revenu direct. . . . . F.   560,000
2° Le revenu indirect ou minimum.   1,620,000
3° La taxe sur les farines.   937,000
4° Les 5 centimes additionnels. . . .   150,000

Total. . . . . . F. 3,267,000

Les frais de construction ont presque atteint 30 millions (1).
D'après les comptes officiels , la branche mère et les principales
dérivations embrassant toute l'étendue arrosable du territoire
ont absorbé 25,750,000 fr. Il a été dépensé , en outre ,
3,750,000 fr., pour établir les rigoles principales : c'est donc ,
en tout , la mise dehors d'un capital de 29,500,000 fr.

Dans le budget de la commune pour l'année 1857, on voit ,
d'une part , que le service des intérêts et primes des sommes
empruntées pour le Canal ne s'élève plus qu'à 1,270,000 fr., et
de l'autre , que les dépenses d'entretien sont évaluées à
395,000 fr. , en sorte que les dépenses annuelles concernant
la construction ne montent pas au-dessus du chiffre de
1,665,000 francs.

Si la caisse particulière que nous avons supposée , existait

(1) Nous ne nous occupons que du Canal et de ce qu'il a réellement coûté ; nous
n'avons donc pas à tenir compte des sommes considérables dépensées à l'occasion
du Canal, pour un changement complet du système de distribution des eaux dans la
ville, pour la construction des grands et magnifiques égouts d'assainissement, et
autres dépenses , très-utiles, sans doute, mais n'ayant pas toutes, au même degré,
le caractère d'une nécessité urgente.

Le système si commode et si séduisant des emprunts, poussé, de nos jours, à ses
dernières limites, aveugle sur l'énormité des dépenses par lesquelles on engage l'a-
venir, comme si cet avenir n'avait pas à compter avec ses propres nécessités et à
subir de nouvelles exigences.

effectivement, on aurait d'abord à en extraire la somme de
1,665,000 fr. ; il resterait encore, dans cette caisse, un fond
disponible de 1,602,000 fr., qui, déduction faite du montant
des taxes spéciales, laisserait un excédant de 515,000 fr. ;
preuve matérielle que maintenant ces taxes ne sont plus nécessaires pour couvrir les dépenses occasionnées par le Ccnal.

Mais la comptabilité communale est soumise à des règles
dont on ne peut pas s'écarter. Tous les revenus de la ville, de
quelque nature qu'ils soient, de quelque source qu'ils provien-
nent, se confondent dans la caisse du receveur municipal, et
comme il n'existe, dans le budget des recettes de la ville, de
revenus affectés uniquement aux dépenses du Canal, que le
montant des taxes spéciales et le produit des redevances d'eau,
il suit de là que l'Administration est parfaitement autorisée à
disposer des revenus indirects, bien que ces revenus soient dus
réellement à l'action du Canal.

Nous devons faire observer, toutefois, qu'obligé de justifier
notre opinion et l'exactitude de nos calculs, nous avons dû
prouver que le produit des impôts, créés uniquement pour
subvenir aux dépenses du Canal, était une charge qui, aujour-
d'hui, ne devait pas lui être attribuée : ce qui ne veut pas dire
que nous croyons la suppression de ces impôts possible, pour
le présent du moins; nous pensons, au contraire, qu'une semblable mesure jetterait la perturbation dans les finances municipales.

On ne saurait méconnaître, en effet, que la ville se trouve
dans la nécessité d'éteindre de forts emprunts dont elle doit en
même temps servir les intérêts. Elle est en outre obligée de se
libérer de nombreuses subventions qu'elle a accordées, surcroît
de dette, ne portant pas intérêt, il est vrai, mais qui, sous le
titre d'annuités, ne pèse pas moins très-lourdement dans le
budget des dépenses de chaque année.

En résumé, et en ne tenant compte que des faits tels qu'ils

existent aujourd'hui, le Canal est déjà, pour la caisse communale, une nouvelle branche de revenu de plus de 2 millions
brut, d'au moins 500 mille francs net, et certes, ce n'est pas
là une cause de ruine pour les finances municipales.

Il est bien évident que les revenus indirects dépassent
déjà toutes les espérances qu'il était permis de concevoir ; il
n'en est malheureusement pas de même du revenu direct ; les
demandes en concessions n'arrivent qu'avec une extrême len-
teur, et pourtant voilà bientôt dix années que les eaux de la
Durance coulent dans la ville et peuvent être répandues sur la
surface du territoire.

En dehors des concessions accordées à l'industrie et à quelques riches propriétaires, un grand volume d'eau reste encore
sans emploi. Est-ce au manque de moyens de l'utiliser que l'on
peut attribuer un fait aussi anormal?

Cette supposition ne paraît pas admissible. Marseille ren-
ferme aujourd'hui 15,421 maisons et 171 usines dans l'en-
ceinte de la ligne d'octroi ; le nombre de modules concédés
n'est que de 522, distribués à environ 2,250 propriétaires ou
industriels; il reste donc encore plus de 10,000 maisons dé-
pourvues des eaux du canal.

On compte, en outre, 7,995 maisons et 183 usines répandues dans le territoire en dehors de la ligne. Dans cette partie
de la commune, les concessions en eau continue s'élèvent à
1352 modules, répartis à environ 2,500 propriétaires ; c'est
encore loin de la limite que les concessions pourraient
atteindre.

En eau périodique l'emploi n'excède pas encore 1,465 litres,
volume d'eau pouvant à peine suffire, pendant six mois seulement à l'arrosage d'un même nombre d'hectares, tandis que
la partie arrosable du territoire approche de 8,000 hectares.

Les nombreuses chutes d'eau représentent de 4,500 à 5,000
chevaux de force au minimum : 465 seulement sont utilisés ;

mais l'on conçoit que l'emploi de cette catégorie est une question de temps, et que la location de ces forces ne peut se réaliser qu'en raison des progrès plus ou moins rapides de l'industrie locale.

L'obstacle qui ralentit l'emploi des eaux du Canal n'est pas, on le voit, dans le manque de moyens de les utiliser. D'où vient cet obstacle? Comment le surmonter? Questions qui méritent de fixer l'attention de l'Administration municipale.

Ce qui nous frappe, c'est que l'irrigation du territoire est rendue impossible par les conditions du règlement. Il est de fait que les contrées méridionales surtout, qui ont poussé au plus haut degré la puissance productive de leurs terres, au moyen de l'irrigation, n'y sont parvenues que par le bas prix, l'abondance et la continuité des eaux mises à la disposition des cultivateurs.

Tel n'est pas le principe adopté pour l'irrigation du territoire de Marseille.

Les prix du tarif et les conditions mises à l'emploi des eaux sont bien évidemment le résultat d'une très-vive préoccupation, juste sous quelques rapports, mais très-fâcheuse sous d'autres.

En face d'une énorme dette, la pensée dominante du Conseil Municipal de 1850 fut, sans doute, de faire rendre à la vente des eaux le plus d'argent possible.

L'eau continue s'offrit comme le seul moyen d'atteindre ce but. D'une part, cette catégorie, sous un très-petit volume d'eau, pouvait supporter une forte redevance, et de l'autre, le service en était facile et peu coûteux.

Au premier aspect, l'eau périodique se trouvait placée dans des conditions diamétralement opposées: beaucoup d'eau pour l'arrosage, très-faible redevance, embarras et difficultés dans la distribution régulière des eaux, et par conséquent un nombreux personnel de préposés à la surveillance.

Les faits prouvent que la question du tarif n'a été envisagée

que sous cet unique point de vue. Il est dès lors moins éton-
nant que les auteurs du règlement aient cru devoir le rédiger
de manière à forcer les propriétaires à ne faire usage que de
l'eau continue

L'irrigation du territoire a donc été considérée comme une
charge, et condamnée. Nul compte n'a été tenu de l'opinion et
des vues du Conseil, qui avait délibéré la construction du Canal, des intérêts puissants qu'il rattachait à l'arrosage des terres,
des sacrifices qu'il n'avait pas hésité à imposer à la population
pour satisfaire à ces intérêts ; cette satisfaction, il ne la bor-
nait point à quelques mille francs de redevances de plus ou de
moins perçus chaque année, mais il la voyait clairement dans
l'heureuse occasion qu'une dérivation des eaux de la Durance
offrait à la ville de transformer nos arides campagnes en une
des contrées les plus fertiles, les plus belles et les plus riches
de la France.

Ce premier Conseil, véritable créateur du Canal, puisqu'il en
a pris l'initiative et en a seul préparé les moyens d'exécution,
était profondément convaincu que la transformation du territoire par l'irrigation aurait pour résultat infaillible non seulement de répandre l'abondance des denrées alimentaires sur
nos marchés, mais encore d'en réduire le prix, avantage inap-
préciable pour la population.

L'usage des eaux périodiques est véritablement prohibé lors-
qu'il s'agit de propriétés de quelque étendue ; le prix en est
excessif, ne laisse aucune espérance de bénéfice dans un changement de culture, et lors même qu'une lueur d'espoir serait
encore permise, les restrictions arrivent et la font entièrement
disparaître.

Un litre d'eau par seconde, supposé suffire à l'arrosage d'un
hectare de terre, revient à 100 fr. 75 c. par année, savoir : 80 fr.
de redevance et 20 fr. 75 cent. d'intérêt sur 415 fr. du premier
déboursé.

Dans le troisième arrondissement de notre département, c'est la commune d'Arles qui paie le taux le plus élevé des concessions d'eau de la Durance, et ce taux ne dépasse pas 20 à 25 fr. par hectare. Orgon et les autres communes environnantes payent 6 fr. au maximum. Si nous traversons la Durance, nous trouvons le département de Vaucluse arrosé à un prix encore inférieur.

Toutes ces contrées sont des pays de plaines où les changements de culture n'exigent aucun frais, tandis que dans un terrain aussi accidenté que l'est celui de Marseille, de pareils changements entraînent à de grandes dépenses, que l'on ne fait pas parce que l'on a la certitude de ne pas en retirer l'intérêt dans l'augmentation des produits. En dehors d'un écrasant impôt, l'eau périodique ne peut pas être recueillie dans des réservoirs, et de plus, on ne la distribue que durant 6 mois de l'année, c'est-à-dire, depuis le 1er avril jusqu'au 1er octobre ; en sorte que si la sécheresse vient à arriver pendant les autres mois, ce qui a lieu assez souvent, un agriculteur, n'a pas même la faculté de se garantir par quelques arrosages de la ruine de ses récoltes.

L'arrêté de M. le Préfet, daté du 24 novembre 1853, accorde aux concessionnaires des eaux périodiques la faculté d'accumuler, sous certaines conditions, dans des bassins, les eaux qui leur sont concédées ; or, voici le résultat de cette apparente faveur :

Un propriétaire qui veut jouir de cette faculté, doit prendre aux conditions ordinaires du tarif, un volume d'eau continue, proportionné à l'importance des eaux périodiques dont il est concessionnaire.

Si ce propriétaire possède 3 litres d'eau pour l'irrigation de 3 hectares de prairie, il est obligé, dans le cas où il lui prendrait fantaisie d'accumuler dans des réservoirs l'eau périodique dont il jouit, d'acquérir, en outre, trois modules d'eau continue.

Il est déjà grevé d'une dépense annuelle de 302 fr. 25 c. pour l'eau périodique, et la nouvelle concession qu'il est obligé de prendre en eau continue, ajoutera 382 fr. 50 c. à cette dépense.

Or, le produit net d'une prairie, dans de bonnes conditions, dépasse difficilement 450 fr., soit 1,350 fr. par trois hectares. Les frais annuels d'irrigation, montant à 684 fr. 75 cent., absorberaient plus de la moitié du revenu net.

L'eau périodique, uniquement destinée, cependant, aux grandes cultures, n'offre, aux propriétaires, comme on le voit, ni encouragement, ni bénéfice. Bien moins encore peut-elle servir à l'usage des jardins potagers, tel qu'il en existe dans les environs de toutes les grandes villes, tel qu'il est indispensable d'en avoir autour de Marseille pour assurer l'approvisionnement régulier et abondamment pourvu de ses marchés.

Personne n'ignore que la culture de semblables jardins exige un fort grand volume d'eau continuellement à la disposition du jardinier.

M. Victor Paquet, dans son excellent ouvrage, la *Bibliothèque du Jardinier*, publié, en 1846, sous les auspices de S. E. M. le Ministre de l'Agriculture et du Commerce dit, chapitre 6, page 88 : « Qu'un jardin maraîcher de Paris et de la contenance de 50 ares, reçoit par jour, en été, près de cent mille litres d'eau. »

Dans cette proportion, une égale superficie de terrain, sous le climat de Marseille, doit exiger au moins 125 mille litres, soit 250 mille litres par hectares. D'ailleurs, dans le Midi, la nécessité de l'arrosage dans de pareils jardins ne se borne pas à six mois ; cette nécessité se manifeste plus ou moins souvent durant toute l'année.

L'eau périodique n'est accordée que pendant six mois de l'année, restriction qui rend même impraticable la combinaison de cette catégorie avec celle de l'eau continue, surtout pour un jardin potager.

Il en résulte que, dans les conditions actuelles du règlement, l'établissement de vastes jardins potagers est impossible, puisqu'on n'y peut employer ni l'eau périodique, ni l'eau continue, ni la combinaison des deux ensemble.

L'expérience de près de dix années fournit les preuves évidentes que ce n'est pas par les revenus directs du Canal que la commune peut espérer de se libérer promptement du fardeau de sa dette, et d'entrer en pleine jouissance du magnifique produit de son œuvre ; nous ajoutons qu'il n'est pas permis de douter que, par l'irrigation, la richesse du territoire deviendra bientôt une source abondante de ce même produit.

Réduite à ces termes, la question est donc de savoir si l'avantage, tristement négatif, que la commune croit trouver, en jetant tous les jours dans la mer un fort volume d'eau amené à grand frais de la Durance, est préférable au bénéfice réel qu'elle en obtiendrait, en le concédant, en abondance et à bas prix, pour favoriser le développement des grandes cultures.

Les quelques observations que nous venons de nous permettre sur le réglement des eaux, qu'on veuille bien le croire, ne nous sont dictées que par le désir bien vif que nous éprouvons de voir le Canal répandre, sur la population entière de la commune, tous les bienfaits que cette grande œuvre a la puissance de réaliser.

Nous rendons pleine justice à l'Autorité municipale, nous savons qu'on doit lui tenir compte et grand compte des nombreuses difficultés qu'elle a dû vaincre pour parvenir à régulariser l'administration d'une entreprise toute nouvelle, où l'on n'avait pas le flambeau de l'expérience pour guide ; mais aujourd'hui cette expérience doit être faite, et le moment est venu, ce nous semble, de modifier un état de choses véritablement nuisible tant aux revenus de la commune qu'à des intérêts précieux que le Canal est destiné à favoriser.

Il nous paraît essentiel, avant de terminer, d'aller au devant d'une objection qui, si elle était fondée, affaiblirait beaucoup la portée de nos observations.

En effet, si nous sommes dans le vrai, si les renseignements que nous tirons de la construction du Canal sont d'une rigoureuse exactitude, il suivrait que l'avenir, tout l'avenir de Marseille dépendait uniquement de cette construction.

Mais dira-t-on, peut-être, vous oubliez le port ! ce port si vaste, si bien situé, ne pouvait-il pas suffire, même en l'absence du Canal, à un mouvement ascensionnel d'importation et d'exportation, cause permanente de prospérité et d'accumulation de richesses ?

Oui ! sans aucun doute, l'affluence des navires dans le port, c'est-à-dire le commerce de transit, de transit seulement, pouvait prendre une extension beaucoup plus grande, mais pas en dehors, toutefois, des conditions dans lesquelles la ville se trouvait.

L'augmentation du nombre des navires fréquentant le port, pouvait-elle dépasser, dans aucun cas, la limite tracée par le chiffre de la population que la ville n'avait déjà plus les moyens d'alimenter ? Non assurément.

Nous admettrons, si l'on veut, qu'à la rigueur le chiffre de la population pouvait demeurer stationnaire : le nombre d'ouvriers serait donc le même.

Si l'industrie alors avait pu conserver ceux qu'elle employait déjà, le mouvement du port n'aurait pas pu s'étendre faute de bras.

Si, au contraire, l'industrie avait marché graduellement à sa ruine, une plus grande activité dans le port devenait possible, toujours néanmoins dans la limite du nombre d'ouvriers abandonnés par l'industrie.

Mais la ruine de l'industrie ! Peut-on comparer l'aisance que répand l'industrie dans la population, l'accumulation rapide des richesses qui en est la conséquence, aux bénéfices d'un simple commerce de transit.

En somme, la prospérité d'une ville commerçante ou industrielle d'un côté, et de l'autre l'accroissement de sa population, sont deux faits corrélatifs; là où la population est fatalement stationnaire, tout progrès est impossible.

La conquête de l'Algérie, la tête du chemin de fer sont aussi des causes très-puissantes de la prospérité de Marseille; mais qu'elle eût été leur action, si le chiffre de la population n'avait pas pu s'élever?

Si l'on veut bien y faire attention, on reconnaîtra que, soit les métropoles, soit les villes commerçantes qui ont pu devenir le centre d'une population très-nombreuse et presque illimitée, toutes sont situées sur un fleuve ou sur une rivière. Cette condition manquait à Marseille : le Canal est maintenant la rivière qui la place désormais au rang des villes remarquables dont une nation a le droit de se glorifier.

Nous avons dit, en commençant ce rapide aperçu, que notre unique but était de constater les résultats de l'entreprise du Canal au seul point de vue des finances municipales ; nous n'avons pas l'intention de nous écarter de cette ligne. Mais si quelqu'un voulait prendre la peine de calculer les sommes que le Canal fait entrer, chaque année, dans le trésor public par la douane, les contributions directes et indirectes, les droits de timbre, d'enregistrement, etc., sommes qui se comptent par millions, on aurait la preuve matérielle que, si d'un côté, le Canal est une excellente opération financière pour la Ville, c'est, en outre, une opération non moins lucrative pour l'Etat, d'autant plus qu'il ne lui en a pas coûté un centime.

Typ. et Lith. Arnaud et C., Cannebière, 10, Marseille

www.ingramcontent.com/pod-product-compliance
Lightning Source LLC
Chambersburg PA
CBHW071437200326
41520CB00014B/3732